KENGO KUMA

MY LIFE AS AN ARCHITECT IN TOKYO

超过40张插图

隈研吾
我在东京的建筑师生活

[日]隈研吾 著　王冲 译

華中科技大學出版社
http://www.hustp.com
中国·武汉
有书至美
BOOK & BEAUTY

目录

1：译者注，邮局内商场，名字来源于日语“切手”（邮票）。

序言

我出生在一个地方，它既不属于东京也不属于横滨。东横线连接着这两座巨大的都市。自幼我便乘从这条线上的列车外出，成了我日常生活中不可缺少的部分。

于是，我成为社会学家、哲学家马克斯·韦伯所定义的“边缘人”，能够以局外人的角度看待东京。通过漫步街道观察城市，我发现了各种各样的地点、文化和人群。在我看来，东京是一个个小村庄的集合，而非一座大城市。

在设计2020东京奥运会场馆新东京国立竞技场的时候，我专注于一个想法（译者注：因新冠疫情改在2021年举行）：与青山、千驮谷和明治神宫外苑周边街区相符，而非要去代表整个日本。通过深入研究这些“村落”的本质，我们实现了这一想法。无论在任何城市设计建筑，我都相信世界是村庄的集合，而非王国的群组。

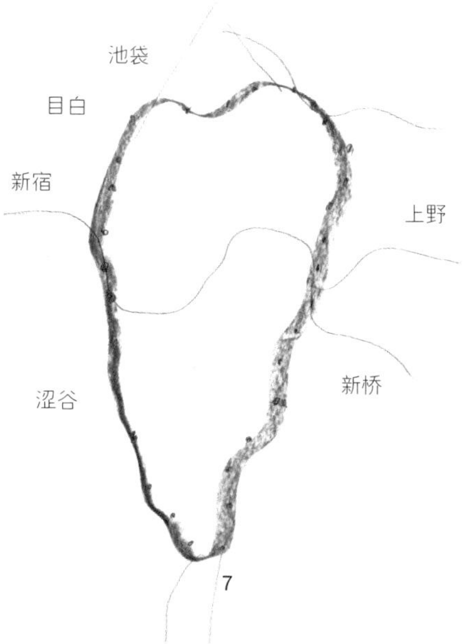

代代木国家体育馆

代代木国家体育馆由丹下健三（1913—2005年）设计，是1964年东京奥运会游泳比赛场地。

还有些其他项目也赶上了奥运会。比如说，当时世界上最快的铁路东海道新干线，以及建在东京上空的高速公路网——首都高速道路，它曾经在苏联科幻电影《飞向太空》(1972年）中亮相。另一座建筑驹泽体育馆则由芦原义信（1918—2003年）设计。这座令人惊叹的混凝土之塔用于举办摔跤比赛，其灵感来自宝塔。

1964年，还标志着日本经济高速发展的顶峰，工业化进程经过有意谋划，进展神速。丹下引领了日本战后的现代主义运动，将蓬勃的民族情绪完美地转化为建筑形式。他被称为“世界的丹下”：他在三十多个国家或地区设计建筑物，同时被认为具有超凡的能力，可以准确地预测和诠释时代精神。

丹下曾预计日本各地建筑物的高度将会大幅增加，因此为代代木国家体育馆提出了一种垂直设计的方案，在两座混凝土塔楼之间悬吊屋顶。彼时的日本城市完全由木质房屋构成，只有一两层的高度，于是代代木国家体育馆的设计尤为引人注目（日本的第一座摩天大楼霞关大厦直到四年后的1968年才施工完成）。吊桥结构主要借助于土木工程系统，体育馆的结构也得益于此。丹下的大胆设计赢得了广泛赞誉，似乎向世界宣示日本技术已经不亚于西方水平。建筑屋顶的连绵线条堪比东大寺金堂（奈良8世纪的著名建筑）的柔和曲线，而国家体育馆的支柱似乎又受到了“千木”的影响，这种交叉状屋顶装饰可见于三重县的伊势神宫。丹下的杰出才能在于融汇日本传统美学与最先进的建筑技术。

新东京国立竞技场是第二次东京奥运会（2020年）的核心建筑，我们的设计也受到日本传统建筑的启发。虽然丹下渴望垂直，然而我们还是把目光投向了水平。因为我们相信，1964年以前有着低矮木质轮廓的东京，才是未来城市更加优秀的典范。

即使在1964年奥运会落幕之后，我仍然无法忘却丹下的体育馆。周末的时光里，我会从横滨乘车至此，在这座建筑中“游泳”。看着光线从美丽的拱形天顶中倾泻而下，感觉自己仿佛置身于天堂。当我安静游动时，我自己也会思索有朝一日能够创作建筑，以如此的方式感动人们。

1964年东京奥运会标志着

日本经济发展的顶峰。

这种蓬勃的民族情绪

被丹下健三巧妙地转化为建筑形式。

涩谷

法国哲学家罗兰·巴特在他的著作《符号帝国》(*Empire of Signs*，1970年）中写道，东京的中心被空白所占据。这与欧洲城市不同，欧洲城市的核心区域是诸如城堡或教堂的建筑物，而东京的心脏地带却是一片静谧的森林，皇居御所被超过一平方千米的公园和园林所环绕。

在巴特看来，这种区别体现了日本与西方在社会结构和城市景观上的巨大差异。东京的中心无疑是一个空洞，但它却被一条长达40千米的环形铁路山手线拱卫（参见第7页图）。我认为这个钢环强调了虚空的重要性及其深刻意义。

城市中心区的虚空比任何高耸的建筑都更受欢迎。山手线经过许多枢纽站点，例如涩谷、新宿（参见第56页）、池袋（参见第64页），它与延伸至郊区的私营铁路相连，每天的客流量超过200万人次。宫殿场域营造了空旷中心，而车站将其围绕，构成了东京金融和文化活动的中心枢纽。

尤其是涩谷，堪称青年文化的中心。从小到

大，我都曾去那里逛逛。在万圣节前夜，大量盛装打扮的年轻人聚集在车站周围，一边喝酒一边唱歌直到天亮。实际上，涩谷的万圣节是日本最盛大的狂欢节。

涩谷的新车站设计由我负责，在其上方是SHIBUYA SCRAMBLE SQUARE（请参阅第15页图）。这座高楼在空中延伸230米，其底部由互锁的弯曲平面构成，从而呈现出一种“挖出”的外观。我们想要建造这样一座大厦，让它洋溢着适合该区域的速率和噪声，于是我们在玻璃上印刷陶瓷粉末以创造条纹，仿佛街头文化的能量延伸至天空。在大厦的顶层是日建设计的瞭望台，在此可一览整个城市的美景。

让我们在涩谷站搭乘东横线列车，大约十分钟后，到达田园调布。这里以其放射状街道而闻名，且在日本颇为少见，我的幼儿园和小学时光就在这里度过。

多摩河畔邻里社区的南侧，是我小时候经常和朋友们玩耍的游乐场。今天这里已成为Seseragi公园，在其角落中有一座由我设计的木结构图书馆。

它与周围的公园天衣无缝地融合在一起。这样一来，游客就可以在森林中享受读书的愉悦。

澀谷

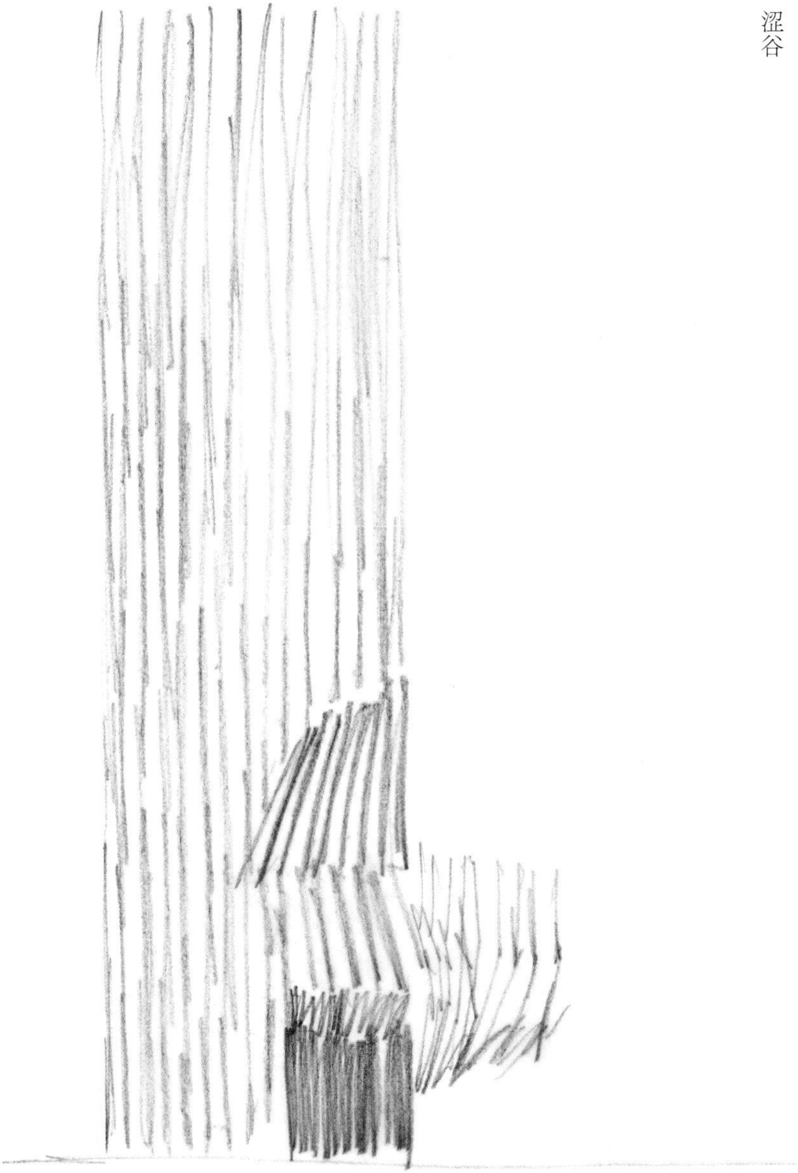

SHIBUYA SCRAMBLE SQUARE

代官山

代官山商区是位于涩谷（第12页）的高档住区。这里的多功能建筑群代官山集合住宅（Hillside Terrace）由槙文彦（生于1928年）设计。从1969年至1998年，长达三十年的建设周期确保了这处昔日安静的飞地成为城市中最令人向往的社区。

槙文彦、矶崎新（生于1931年）和黑川纪章（1934—2007年）都是丹下健三的学生。显然，他们都继承了大师对城市设计的迷恋。但槙文彦对20世纪60年代流行的丹下设计风格提出了批评，他批评为“巨构”建筑，并且提出了一种更温和、更亲切的住区设计方式——“群形态”。代官山集合住宅即为最佳例证（顺便说一句，我的第一篇论文就是关于代官山集合住宅的）。

丹下的城市设计围绕着既定的轴线展开，沿着轴线布置具有象征意义和纪念性的建筑物。在他看来，这种设计适应日本经济高速增长的时代。广岛原子弹爆炸重建项目就是巨构建筑和丹下城市规划哲学的最好例证。

槇文彦则在寻找一种更具人性尺度的设计类型，以适应长年发展终结后更加平静而成熟的日本。代官山集合住宅位于主干道旁，建筑物高度不超过10米。在其建成之后，代官山成为一个时尚且广受欢迎的社区。随着传统的小木屋被改造成商店和餐馆，它成了时髦青年的去处。

往南下山，便会到达目黑川，过去这里的河岸边聚集了许多小型工厂。这块儿的东京包含两类不同的区域：代官山仍然保持着住区的高端质感，而位于河流另一端的中目黑则更具工人阶层气质。近几十年来，在世界各地的城市中，河流和运河旁的工业区已然成为人们关注的焦点，其独特的活力与造物场所有关。东京还有其他几个工业区，包括羽田机场旁的大田，以及东京晴空塔（Tokyo Skytree，2011年）下的押上。这座高塔由安藤忠雄（生于1941年）设计。

在河流的更远处是我们设计的星巴克烘培工坊（2019年），一个巨大的咖啡焙烘器位于其中庭之中，高达10米。因为该区域被指定为半工业区，所以我们有幸在室内设置如此巨大的机器。而在押上，我们设计了One @ Tokyo（2017年）酒店。其屋顶上设有露台，游客们可以遍览城市工厂的景致，并在夜间欣赏东京晴空塔。

槙文彦提出了一种更温和、更亲切的

住区设计方式——“群形态”，

而代官山集合住宅便是一个很好的例子。

ONE OMOTESANDŌ

1964年之前的表参道是一条通往神社的安静神道，道路的两旁栽植日本榉树，并无商店和餐厅。它的历史可追溯至1919年，用来通向东京最大的神社明治神宫。神社的另一端是丹下设计的代代木国家体育馆（第8—11页）。以此为始，表参道从神圣的道路转变为城市最重要的时尚街道。在这条道路的最前端就是One Omotesandō，全球时尚行业领军者LVMH集团的日本总部。我们为它设计的作品于2003年竣工。

世界各地的时尚品牌旗舰店云集于表参道。由SANAA建筑事务所设计的克里斯汀·迪奥店（Christian Dior，2004）通过玻璃和亚克力板的组合创造出超凡的透明度；而由赫尔佐格和德梅隆建筑事务所设计的Prada店通体隐形，由菱形弧形玻璃幕墙构成（雅克·赫尔佐格指出，他的目标是创造一种吸引女性的感性形式）；Miu Miu店同样由赫尔佐格和德梅隆事务所设计，其立面具有斜线外观，让人联想起日本神社与庙宇的屋顶；一条街之后则是扎哈·哈迪德设计的尼奥·贝奈特（Neil Barrett）精品店，由可丽耐制成的有机墙体似乎越出玻璃，突显其存在。

表参道上一排排的日本榉树带给人们神秘的感觉。即便在今天，它仍是参拜神社的主要路径，所以我想在林木之中用木制立面做些文章，如同神库或微型神社一般。日本神社与基督教、伊斯兰教等教宗教建筑不同，神社并非是为了纪念单一神明，而是为诸神而建造。重要的神社供奉与之相关的主神，而神库通常献予小神。因此，我设计中的这座建筑应让位于森林，其尺度需审慎而具有人性化，以免破坏森林的氛围。可以说，我从日本的神社建筑中收获良多。

ONE OMOTESANDO

我们为One Omotesandō装饰了由落叶松制成的格栅，每片楔形木块的尖端都被设计得尽可能轻薄，这些细线呼应了建筑前日本榉木皮的细腻之感。建筑的上部向外悬挑，玻璃会议室似乎飘浮在空中。我们把这个玻璃盒子视为另一个神库，与主楼相连却又分离。

建筑立面的木格栅呼应了室外的日本榉树树皮（对页图）。

明治神宫美术馆

明治神宫建于1920年，是东京最重要的神社。每年一月，都有超过三百万的游客至此为新年祈福，这一习俗被称为“初诣”（“第一次神社参拜”）。回家之前，人们向神社前的盒子里投掷硬币，拍手祈祷，购买驱魔箭。

在我的孩童年代，有两种与新年有关的仪式：初诣与出初式，它们悠久的历史可以追溯至江户时代。当时的东京建筑几乎完全由木头建造，经常发生火灾，于是消防员们身着宽松服饰，享受着类似名人般的地位。而在出初式期间，消防员们在云梯顶端进行的杂技表演更符合我的兴趣。

神社场域看起来像是原始森林，但从前这里只是一片草地，几乎没有树木。景观设计师本多静六（1866—1952年）曾在德国学习林业，他的任务是设计并修建一片能够匹配建筑物的森林。当时普遍的做法是在神社周围栽植雪松，但本多则选择种植诸多不同的树种，其中大多数是阔叶树木。在不到一百年的时间里，这片景观在城市中心形成了参天的森林。不仅树木来自日本各地，其栽种者也是来自日本各地的志愿者。

如今这片林地被称为永不衰败的森林，是各种野生动植物栖息的家园。在第二次世界大战期间，超过千枚燃烧弹被投掷于明治神宫。20世纪二三十年代，建筑师安东宁·雷蒙德（Antonin Raymond）在日本生活和工作，并在战争期间返回美国，为美军生产大量的预制房屋。他被要求在犹他州的沙漠中建造一系列典型的日本风格的房屋，以便测试新型燃烧武器。但这些经过特殊设计的炸弹未能摧毁神宫周围的林地。

通往神社的参道位于森林中心，以L形曲线的形式延展，这与西方或中国宗教建筑中的直行式路径大为不同。曲线可以

低矮的屋檐帮助建筑物消融于森林之中（上图），天花板凸缘的间隙里则填充柏木，以软化空间（第28—29页图）。

确保视角不断变化，从而帮助游客过渡到更幽深的、具有精神性的场所。在参道的中间是神桥，而我们设计的建筑物明治神宫美术馆则小心翼翼地隐藏其后。我们认为，此处的森林圣域应居首位，而建筑物必须退居其次。

日本建筑的屋顶可分为三类：悬山顶、庑殿顶和歇山顶。歇山顶的屋檐低矮，像庑殿顶一样，从而使建筑物融入周围环境之中，并在中部位置营造高度（桂离宫的茶室也采用这种屋顶）。美术馆的外墙经特殊处理，由深灰色金属制成，略带纹理感。“大和”源自日本古都奈良的前称，“大和張り”是在古老神社和街道中常见的技术。在建筑内部，支撑美术馆的细长柱列形成了节奏与韵律。和附近的代代木国家体育馆类似，建筑外部由钢铁和木材组合而成（第8页）。

根津美术馆

根津美术馆是一座与古代日本、亚洲艺术以及传统手工艺品相关的美术馆，它位于表参道（东京最著名的购物街）东端附近，由商人、政治家和慈善家根津嘉一郎（东武铁路创始人）于1941年在根津美术学院设立。其场地位于根津家宅所在地，根津嘉一郎就是现任负责人根津公一的祖父。

美术馆在2006年因维修而关闭，我们被委托设计一幢全新的建筑。在设计的开始，我们首先聚焦于通往美术馆的道路。对于日本茶室设计来说，茶室反倒不如通往它的路径（露地）那般重要。过去的茶师认为，沿着露地的旅程可以使参与者更好地沉浸在茶道那缓慢的时光之中。于是，我们设计了一条长长的步道，从建筑立面上突出4米的深檐将其遮盖，访客们踱步50米的距离方能进入建筑。我们想让访客们品味一下屋檐投下的阴影，欣赏左边的竹墙和右边的小树林，把拥挤街道的喧嚣抛在身后，静下心来，然后再走进美术馆。

在翻修巨大瓦顶时，我们对屋脊和侧缘细节进行了抽象处理，使其更具现代感，但同时又将其保持在传统界限之内。我认为这座建筑物最重要的特征是延伸的屋檐，它营造出深沉的阴影。谷崎润一郎（Juni'chiō Tanizaki）是日本20世纪最重要的文学家之一，他在散文《阴翳礼赞》(1933年）中提出，传统建筑的美源于对阴影的利用。这个观点在建筑界和文学界都产生了巨大的影响力。20世纪著名的建筑师勒·柯布西耶（Le Corbusier）指出："建筑是光线下形状正确、绝妙、神奇的游戏。"这也表明了西方传统中对光线的重视。然而，谷崎则道出了阴影和屋檐的重要性，他所赞美的并非直射房间的光线，而是经过地板和天花板反射后穿透空间的柔和之光。

NEZU MUSEUM

美术馆庭园中分布着四座茶室和根津咖啡亭。这里频繁举行茶道仪式。值得注意的是，其中一间茶室被建造成湖上浮船的造型，而湖泊则被视为日本庭园中重要的组成部分。例如在桂离宫（Katsura Imperial Villa）的茶室里，贵族们也会乘船在河上品啜茗茶。美术馆的咖啡厅设立在根津家族用房所在地，他们使用过的火炉仍被保留且不曾改变。这使游客得以了解这个家族的过往生活。

独特的屋顶设计（上图）辅以大玻璃窗（第34—35页图），有助于融合外部风景、建筑物本身以及内部陈设的艺术品。

SUNNY HILLS

微热山丘

青山是位于东京港区的富裕街区，在其后街上有一家出售中国台湾凤梨酥的商店——微热山丘（SUNNY HILLS）。在东京全城，您只需要从主路移开，即可发现自己已置身于迷宫之中，身边是江户时代开始形成的狭窄小巷和微小房舍。这些小街上大部分的房屋仍采用木制。可以说，东京这座城市如此与众不同的原因之一就是主路与小巷的对比。

微热山丘面对着一条狭窄的小巷，因此我们决定勇敢一点，设计一座小尺度但完全采用天然材料的房屋。了解到这家商店的蛋糕只使用最优质的菠萝、上等的法国艾许黄油（Échiré）和盖朗德海盐（sel de Guérande），所以我有了将最好的天然材料用于建筑的想法。我想把细小的桧木编织在一起，在城市中心营造出森林般的空间，使顾客仿佛感受到阳光透过林木般的意境。我们采用了断面为6厘米×6厘米见方的精致木条，通过使用被称为“地狱榫接”（jigoku-gumi）的传统技术将其连接，从而营造出了无须巨大立柱的3层建筑。

然而，一旦组装完成，木块便无法拆卸。这种难以掌握的技术通常只能用于家具及配件，我相信这可能是它首次用于整栋建筑。2011年，我们在福冈的星巴克咖啡店（太宰府天满宫店）使用了类似的建筑技术。8年后，我在目黑河岸的中目黑区设计了星巴克烘焙工坊店（第17页）。星巴克第一家烘焙工坊店设立在西雅图，而我们这家是迄今为止的第五家店铺（继上海、纽约和米兰之后）。在这里，游客可以品尝日本茶、简餐或是饮酒直至深夜。这家商店还出售由自然材料制成的精美产品，它们均由我们精心选择的优秀日本工匠制造。

在19、20世纪，曾作为主要分流渠网的运河与河道区域转变为工业区。这些地方嘈杂混乱、烟熏火燎，被认为不适宜居住或商业用途，因此常常被忽视。即便到了现在仍明显具有城市工厂的味道。但如今这些滨水区域正在“卷土重来”，转变为时尚优雅的工作与生活的场所。

在东京，这样的场景可见于神田河附近（从江户川桥到神田桥）以及目黑河沿岸。樱树列于目黑河畔，在樱花盛开的季节，花瓣散落水面，营造出梦幻般的景象。而在河流北侧的山顶上，则是代官山专属山顶社区（第16页）。高档精品店和公寓星罗棋布，由槇文彦设计的代代木集合住宅就矗立在其心脏地带。的确，代官山和河对岸的中目黑分别代表着东京最高档和最低档次的街区。

这种木构系统（第39页图）更常用于家具。将其用于整个建筑中，使我们营造出温暖而亲切的空间（第40—41页图）。

CLEAR

新东京国立竞技场

这座崭新的体育场将成为2020东京奥运会的主要场馆，它坐落在明治神宫周围森林的中央位置（第24页）。而内苑则位于林地的内部，是神社主殿所在之地。新体育馆在内苑的东侧，那里还有许多其他体育设施，包括丹下健三为1964年东京奥运会设计的代代木国家体育馆（第8—11页）。

与大成建设以及Asuka设计一道，我们的首要任务是确保新体育场与景观融为一体。首先，建筑高度尽可能低，前一座体育场灯塔的高度是60米，而扎哈·哈迪德的初始设计由于建筑成本超出预算而中止，其高度为75米。我们则将座椅尽可能靠近地面设置，并使支撑桁架的高度降至最低，从而将总高度保持在50米以下。在20世纪，人们重视那些高大的事物，但当我们步入21世纪，我觉得又大又高的建筑显得非常尴尬。

我们思索2020年将会是什么样的年份，哪种建筑材料最为适宜。日本20世纪的“明星建筑师”丹下在经济增长的顶峰时期设计了他的体育馆。随后东海道新干线建成，混凝土高速公路网穿越了东京的天际线，体育馆可谓是工业化的庆典。但如今举办的奥运会所直面的则是社会老龄化、出生率下降和经济萎缩，这场赛事需要变得更加温和。能够象征缓慢增长和环境可持续性发展，似乎唯一适合的材料正是木材。

栽种树木、采伐建材，并再次种植构成了一个周期，因此日本能够拥有一定的木材资源。然而在20世纪，混凝土和钢材在建筑中起到主要作用，即便是使用木材，人们也倾向于从海外购买廉价的木料。于是，日本的森林沦为废墟。树木从空气中吸收二氧化碳，但是这种能力在荒林中遭到破坏。不受保护的林地也丧失了保水能力，成为洪水频发的原因之一，而花粉过敏也与此有关（尤其是雪松）。

为了使日本的林地恢复健康，我们需要利用木材建造小巧而尺度亲人的建筑，并对其悉心管理。体育场的外墙材料是来自日本47个县的雪松，而屋顶由钢木混合结构支撑。建筑物外围是5层木檐，使檐下的木板免受阳光和雨水的侵害，从而更为耐久（世界上现存最古老的木制建筑是7世纪的法隆寺，也有类似屋檐作为保护）。屋檐采用宽度10.5厘米的雪松板制作，与传统木制房屋中的柱檩宽度相同，日本人对此颇为熟悉。

古旧建筑的木料之间留有微小裂缝，空气得以进入房间，裂缝的宽度亦根据木块的位置而发生变化。即使没有空调，这些微小的“通风井”也可以帮助人们忍受酷夏的高温。天空森林（Sky Forest）是一条长850米的人行天桥，盘旋在距离地面30米的高度。在没有体育赛事的日子里，当地人也可以眺望明治神宫美丽的森林。新东京国立竞技场不仅仅为体育赛事而建，还应服务于为本地居民的日常生活。

NATIONAL

新东京国立竞技场

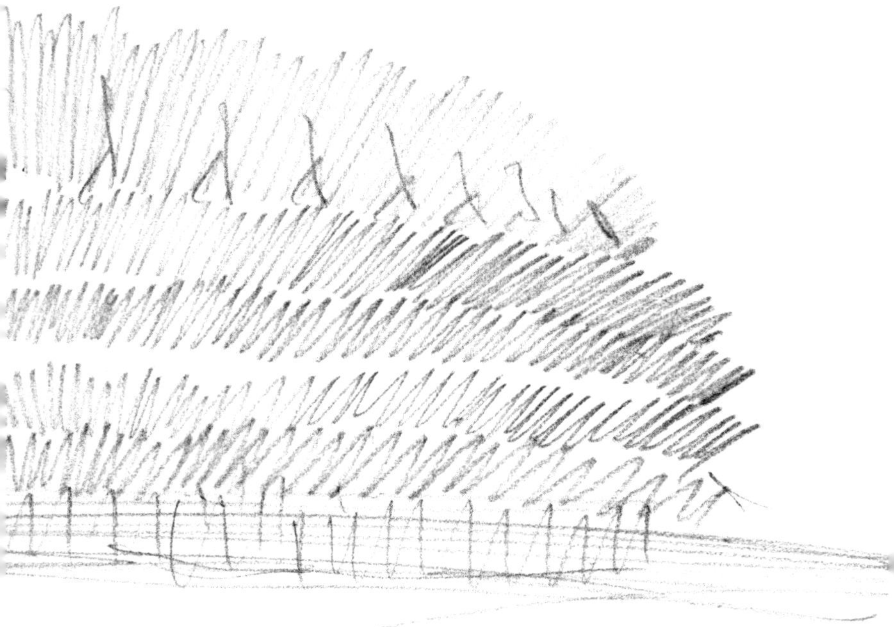

三得利美术馆

在我年轻的时候，六本木街区是星条旗报业大厦的所在地，其中一栋大楼上还设有美军直升机停机坪。入夜，年轻的外国人遍布这片区域，他们四处闲逛或是在居酒屋里通宵饮酒。作为一名学生，我也会去泡吧，感受那里的氛围。在日本有众多的美军基地，其周边街区仍带有一丝“肮脏”的感觉，这与当地人常去的夜生活区域颇为不同。东京中城则是一处包含三得利美术馆的综合开发项目，这里曾经是日本旧防卫厅（国防部）所在地，军事基地的感觉仍挥之不去。

我在镰仓的耶稣会学校荣光学园度过了六年时光，美国的另一处军事基地横须贺就在附近。在冲绳，山口县的岩国市以及九州的佐世保市，您仍然可以体验到同样的氛围。东京中城、六本木山（另一处大型综合用途开发项目）吸引着诸多的外国游客，我觉得这和围绕军事基地的环境氛围有关。这些遗址在江户时代曾经是大名的府邸，其住区多位于高处，视野开阔且较少水患，因此这片土地非常适合再次开发重建项目。

三得利美术馆是极受外国游客欢迎的日本博物馆之一。其藏品聚焦于日常生活之美，并珍藏最好的日本古代艺术和传统手工艺品。为了使建筑物具有与工艺品相匹配的精致和温暖之感，我采用白色瓷板设计百叶窗，并以其遮盖外墙。百叶窗断面是锥形的，以使其端部边缘尽可能细薄。实际上，我的主要设计原则之一就是让窗叶尖端尽可能细薄：纤细的杯口可以让人们更好地体验茶水之精妙，我脑海中的首要想法总是这些，于是也如此密切地关注边缘。

在室内我使用了泡桐木，这种出色的柔软材料可以吸收水分，也因此被用于存储和服。泡桐衣柜常被新娘在婚后带入夫

SUNTORY MUSEUM

外立面的垂直格栅可以控制光线（上图）。在室内，可动百叶屏由一种机制控制，受到了传统窗扇设计的启发（第50—51页图）。

家。另一个重要的材质是用于地板的橡木，三得利酒厂以其高品质的威士忌闻名于世，因此我决定使用酒桶中的橡木板，加热制平后铺成地板。一些游客说，踩在上面，他们依旧能闻到威士忌的气味。

我们在美术馆内使用了新潟县高柳町（现归柏崎市）工匠小林康生制作的和纸。小林有自己的土地，他在那里种植用于制作和纸的楮树。近年来人们普遍使用来自泰国或中国台湾的楮树，但小林康生认为，这导致和纸失去了因采用当地楮木所应有的光泽，因此他决定自己种植楮树。他还坚信帘桁的重要性（这是一种竹盘状工具，用于过滤纸浆并将其摊薄）。通过在帘桁的竹条间预留一些缝隙，可以形成精细的条纹图案。小林先生复兴了创造细腻条纹的工艺，这些做法在20世纪50年代之前的和纸中颇为常见。

KITTE

作为运输省（现已不存）的室内建筑师，吉田铁郎（1894—1956年）设计了许多出色的市政建筑。东京中央邮局（1931年）是他最出色的作品之一，被我们复建再生进KITTE建筑群，融合成办公和商业的空间（我们还把他1926设计的京都中央电话局转变为Ace酒店）。当德国现代主义建筑颇为风行的时候，吉田却创作出更契合日本传统木制建筑的设计。他的作品影响深远，多亏了他，日本邮局和电话署的设计保持了一贯的高标准。

布鲁诺·陶特（Bruno Taut）在20世纪30年代旅居日本，吉田是其密友，并协助这位德国建筑师设计和建造了日本唯一的陶特建筑——静冈县热海市的日向邸住宅（1936年）。毗邻住宅的旅馆Water / Glass（1995年）由我设计，是对陶特玻璃亭的致敬。陶特玻璃亭为1914年科隆德意志工艺联盟展览而建造，为陶特在世界范围内树立了自己的声誉［Water / Glass此后成为海峰楼酒店（Atami Kaihourou hotel）］。

在设计东京中央邮局的时候，吉田融入了漂亮的八角柱以应对不规则地块。他明白，将柱子做成八边形并减小每侧的宽度，可以使其看起来更为纤细。为了向这些柱子致敬，我们将金属板安装在中庭里它们曾经矗立的位置，并以金属串珠将其重构。我们还为栏杆设计了精细的银色条纹，用陶瓷材料进行装饰，围绕线条主题构筑这部分室内空间。这与吉田最初的设计以及他对垂直格网的喜爱相呼应。的确，正是吉田将日本传统建筑的垂直格构带入了现代主义建筑的世界。

至于设施的商业部分，我们决定利用建筑从前的邮局功能。其墙壁上的材料是从日本各地收集的有趣材料——木

JP TOWER

材、涂料和金属制品，它们被制成矩形板，让人联想到明信片或信封，从而强化了与旧邮局的联系（这座建筑物的名字“KITTE”，也有“邮票”的意思）。我们在一层保留了客户服务窗口，二层则是东京大学博物馆的附楼（主楼在本乡校园内）。东京大学收藏的化石、标本和其他珍宝在这里进行展示。

三层的主任办公室被保持原状。东京车站（1914年）巨大的屋顶景观给人留下了极为深刻的印象。据说设计者辰野金吾（1854—1919年）受到了阿姆斯特丹中央火车站的影响。辰野也是相扑摔跤忠实的粉丝，建筑物的形状（两边都有巨大侧翼）或许也受到横纲摔跤手进入相扑环姿势的启发。这座车站的大屋顶略带巴洛克风格，在第二次世界大战期间被摧毁。但2014年在建筑历史学家（也是我之前的老师）铃木博之的指导下，屋顶恢复了原有的动态造型。

我们的设计重新诠释了吉田的八边形——“光柱”(上图)。在建筑室内， 我们添加了玻璃栏板， 上面印有精美的细线图案。

新宿

同涩谷（第12页）与池袋（第64页）一样，新宿也是山手线的主要车站之一，它是通向东京西郊的门户。车站周边区域略带无政府状态之感，这与该地区的青年文化有关。

新宿站东出口外是两个酒吧区——新宿二丁目，东京同性恋文化的中心，吸引着戏剧和艺术界人士。新宿黄金街也在这里，人们可以体验真正的昭和时代的气氛。在它的东面还有新大久保，这是一个非日本人亚裔社区。寻找民族风味食品或合理价格酒吧的游客应该前往这里，这里能真正体验到日本移民族群的能量、多样性和活力。

在新宿站西口，绿树成荫的公园上耸立着高层办公楼，这一远景犹如勒·柯布西耶的设计。然而，最初这里根本没有城镇，只有一条淀川河。但从20世纪70年代起，该地区成为高层建筑群的家园，这些建筑群似乎与日本城市格格不入。而至20世纪80年代，新宿站西口已经成为东京建筑设计场景的展示窗口。

寻找民族风味食品
或价格合理酒吧的游客应前往这里，
这里能真正体验到日本移民族群的能量、
多样性和活力。

如今，摩天大楼在日本已经不受欢迎，
并被视为在日本经济增长时期
普遍错误心态的产物。

东京都厅舍（1990年）由丹下健三设计，是这个区域最高的建筑物。双子塔在日本经济蓬勃发展之际营造，受到了广泛讨论，甚至与巴黎圣母院进行比较。如今，摩天大楼在日本已经不受欢迎，并被视为在日本经济增长时期普遍盛行的错误心态的产物。双塔式设计还被批评为效率低下且容易造成核泄漏。

再往西走，您便会到达一条古旧风格的街道十二所通（“十二个神社的街道”）。相比于那些摩天大楼林立的地方，这里更具人情味。翻新过的古旧旅馆，廉价美味的餐厅为这条旧式街道赋予了新的生命。

目白

目白是山手线的一站，也是位于东京特别区丰岛区的一个地点。由丹下健三设计的圣玛丽亚大教堂位于其高地顶部，这座建筑于1964年竣工。同年，东京第一次举办奥运会，丹下也迎来了建筑师职业生涯的事业巅峰。

和西方宗教建筑中常见的做法不同，丹下并没有设计一条直通大教堂的路径，而是创建了一个引人入胜的入口，将游客带入建筑物后方，尔后转身步入楼梯。这条进入大教堂的迂回路径类似于通向明治神宫的行进路线（第24页），展示了一种独特的日式设计方式。

丹下的设计采用双曲抛物面薄壳结构，不仅具有开创性，而且在结构上也十分大胆。东京大学名誉教授坪井善胜是大教堂和代代木国家体育馆（第8页）的结构工程师。代代木国家体育馆的建筑结构也具有独特的悬吊形式。彼时，丹下的实践是要创造前所未有的形态，从大教堂天花板倾泻而下的光线充满戏剧性，如同体育馆一般，使信众和观者都体会到那份感动。

在这片高地上还设有永青文库。博物馆里陈列着曾隶属于小仓藩（后来的熊本）细川氏家族的艺术品和手工艺品。这一大名家族历史悠久，历镰仓时代直至今日。第十八代当主细川护熙在成为陶艺家之前，曾担任熊本县知事和内阁总理大臣。而邻近的和敬塾学生宿舍也被村上春树写进了小说《挪威的树林》(1987年)。学生时代的村上就住在这所宿舍里，下山就能去早稻田大学上课。

早稻田大学校园内设有坪内博士纪念演剧博物馆，建筑由今井兼次（1895—1987年）于1928年设计，类似于17世纪伦敦时运剧院（Fortune Playhouse)。坪内逍遥和今井一样都是早大教授，而博物馆以坪内逍遥的名字命名。在博物馆的旁边是早稻田国际文学馆，里面收藏着村上春树的书籍和唱片。在村上的小说里，不同的时间像隧道迷宫一样相互联结。因此，我们决定把叙事结构转化为建筑，并以木材为主要材料。建筑室内有一个咖啡馆，游客们可以一边品尝咖啡，一边听村上喜欢的爵士乐。

在大学旁边有座形状奇特的观音寺，由任教早大多年的石山修武（生于1944年）在1996年设计。这所大学以其自由的教育风格而著称，有着媲美东京大学的教学质量，并培养出了诸多建筑师，他们和丹下健三、矶崎新、槙文彦等东大建筑师有着不同的风格和设计哲学。村野藤吾（1891—1984年）就是一个很好的例子，他用女性的优雅来对抗丹下的男子气概样式，石山本人（他倡导自建构筑和使用可循环材料）也对下一代建筑师产生了巨大的影响。

丹下的大教堂设计不仅是开创性的，

而且在结构上也颇为大胆……

从天花板上倾泻而下的光线

同代代木国家体育馆一样充满戏剧性。

池袋

东京北部的池袋站一直被视为东京最重要却粗野又危险的车站。相比之下，涩谷（第12页）和新宿（第56页）只是被视为城市的阴暗片区，池袋站东口周边就尤是如此了。那里耸立着巢鸭监狱，其囚犯包括政治犯、持不同政见者和间谍。

21世纪初，随着日本全国出生率的下降，社会老龄化以及总体人口的减少，市镇被贴上了“濒危”的标签。在东京，唯有池袋被认为处于危险之中，并成为许多负面讨论的焦点。

丰岛区地方政府决定改变这一区域臭名昭著的名声，将池袋转变为一个以反主流文化著称的目的地，反过来吸引年轻人。引领这一重大转变的是丰岛区长——前二手书店老板高野之夫。

我们需在车站东口外设计一幢新的区办公楼（第67页）。这是一处新型的多功能空间，结合住房与市政厅功能，并使用太阳能电池板和可回收木板，力求成为社区的象征。大厦立面上随机排列的小面板使建筑融入周边环境，尽管这一区域的形象谈不上良好，地面上有一簇簇小木屋，附近则是一片墓地，但我们的建筑改变了这一切。

最令人难忘的设计是高达10层的垂直3D花园，循环利用雨水的小溪是小鳉鱼的家园，这重现了往日东京典型的、葱郁宁静的自然环境。小学生们来这里参观，了解旧日里人们天人合一的自然生活方式。

自从2015年崭新的区府办公楼完工以来，南池袋公园也得到了修复，成为邻里社区的中央公园。而随着先前地区办事处的拆除，这片区域已经规划建设了六家剧院，其中一座用于全女性音乐剧团“宝冢歌剧团”的歌舞伎表演。池袋曾经远离任何一种高级文化，然而今天正蜕变成东京的百老汇。

与东部出口相比，池袋站西口更为克制。这里可以发现由弗兰克·劳埃德·赖特（Frank Lloyd Wright）设计的自由学园（1921年），这位建筑家欣赏日本版画艺术并多次前来参访。日本建筑也对赖特产生了深远影响，尤其是传统建筑墙外低悬的屋檐。在赖特的学校设计中，这些屋檐产生的阴影是一个重要主题。

大谷石产自宇都宫附近，是一种柔软且多孔的火山岩，赖特将其运用在皇居对面的帝国饭店（1923年）和这所自由学园之中。因此，我们在高根泽町宝积寺车站的设计（2008年）中也使用了大谷石，且更为靠近石头的产地，这是我们对赖特的致敬，因为他非常重视这一区域的天然材料。

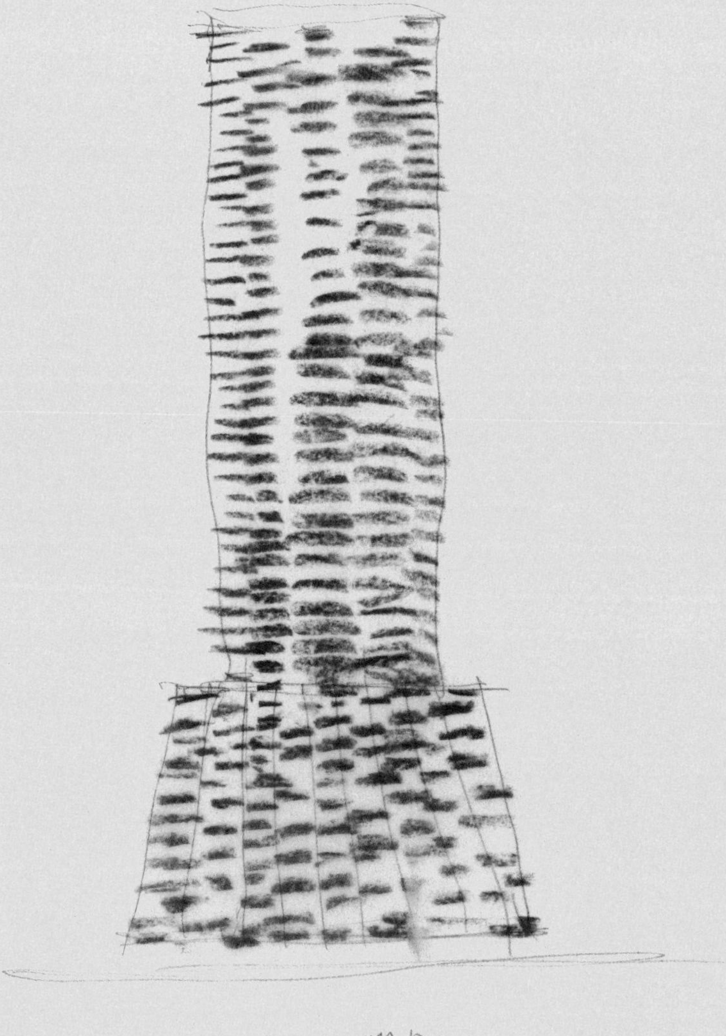
TOSHIMA

上野与谷根千

江户时代的日本高度重视风水，寺庙往往建在城镇的某些区域，以抵御不吉的能量。其中，西北方位大吉，东北部最为不利，这一忌避区域被称为鬼门。

在东京，上野街区就处于这一方位。为了防止恶魔涌入城市，幕府在1625年建造了一座大型寺庙——面向不忍池的宽永寺。在明治时代，寺庙旁边又建造了上野动物园（1882年），随着游客前来观看来自中国的大熊猫，这一区域变得热闹起来。

上野还是一些文化场馆和景点的所在地，包括始建于1872年的东京国立博物馆，其灵感来自伦敦的南肯辛顿博物馆（现为维多利亚和阿尔伯特博物馆）；由谷口吉生（出生于1937年）设计的法隆寺宝物殿（1999年），收藏着7世纪奈良法隆寺的藏品；人们还能在这里看到由安藤忠雄设计的国际儿童图书馆（2000年）和国立近现代建筑资料馆（2013年）。

上野站开通于1883年，被称为“东京的门户”。本州岛东北地区的冬天过于寒冷，人们无法耕种，于是农业劳工来到南方寻找工作。这种季节性的外来务工形式被称为“出稼ぎ”，这些劳工们从上野抵达并定居于此。于是，车站附近兴起了露天市场。直到今天，这里仍然熙熙攘攘。山田洋次执导的《寅次郎的故事》系列影片描绘了第二次世界大战之后的日本生活，这一市场（通常缩写为“阿美横”）曾经多次出现。

上野的许多街区都保留着工人阶层的气息，让人回想起过去的东京。尤其是谷中，谷根千成了体验的好去处。在那里，许多老屋转变成为餐馆、酒店和美术馆。

我的艺术家朋友博斯科·索迪（Bosco Sodi）受此吸引，决定将其中一栋古老的木制房屋改建为工作室。该设计项目由我在东京大学的学生拉斐尔·巴尔博厄（Rafael Balboa）负责。而其附近就是当代艺术的圣地之一——SCAI The Bathhouse。索迪不时在这里举办展览。这处画廊由公共浴室改建而成，它的曲线瓦屋顶曾经是公共浴室的标志，至今仍然保留。

江户时代的日本高度重视风水，
寺庙往往建在城镇的某些区域，
以抵御不吉的能量。

寿月堂歌舞伎座

在江户时代，东京有四处歌舞伎剧院：中村座、志村座、守田座和山村座。但幕府对这种艺术形式谨慎小心并施以各种限制，其中包括将剧院的宽度限制为5.5米。1889年，作家兼评论家福地源一郎（Fukuchi Ōchi）和演员九代目市川团十郎（Ichikawa Danjūrō IX）商议决定，现代新日本必须创造一种令西方游客惊讶的戏剧，因此需要一种专为歌舞伎而设置的新表演空间，与巴黎的歌剧院对抗。尔后的第一座歌舞伎座深受人们的喜爱，它不仅成为日本传统与戏剧的象征，而且还变成了银座和筑地地区的文化中心。

这处歌舞伎座在1921年被大火摧毁，其后重建。但1923年的关东大地震中再次将其烧毁，重建工作完成于1925年。然而，在第二次世界大战期间，第三版建筑也被摧毁。最后，由麦克·阿瑟将军的副官福比翁·鲍尔斯（Faubion Bowers）支持，1950年开始第四版歌舞伎座的重建。

当决定更新建筑以使其抗震时，我们受命设计了这栋建筑的第五个版本。其外观基本上遵循之前的形式，但我们延展屋檐以增加阴影，并夸张设计了立面中心处的唐破风(一种日本特有的波浪形山墙屋顶)。唐破风最初出现在第三版建筑物上，并在地震后广泛应用于公共浴室之上。如今大多数日本人一看到唐破风，就会联想到公共浴场或歌舞伎座。直到第二次世界大战之前，私人住宅中都不设置浴池，于是公共浴池成为日常生活的关键部分，是人们互动和交流的场所。即使在今天，东京仍分布着五百多家公共浴室，使人领略到江户时代的生活。

在寿月堂歌舞伎座的后方，我们还设计了一座29层高的塔楼。塔楼的前端面向剧院，于是我们取消了传统窗户，转而营造带有很多阴影条线的三维立面，并从寺庙和神社中常见的窄格子中汲取灵感。室内设计则采用了被称为歌舞伎红的鲜红色以及柔和的金色。

在大厅之中，有一块专为1950年第四版歌舞伎座设计的手工绣花地毯，其图案为中国凤凰，独具特色。凤凰是一种神鸟，也是歌舞伎座建筑的象征。这种设计取材于京都宇治平等院凤凰堂，后者曾经出现在十日元硬币之上。而地毯则由位于山形县的一家小型公司东方地毯制作，这家公司成立于1935年，目的是在冬季的雪域里为失业妇女提供工作机会（川端康成的小说《雪国》于1937年出版，以山形县为背景），直到今天他们仍在继续生产手工地毯。建筑的屋顶上有一个向公众开放的日式庭园，游客们可以在面向庭园的小型博物馆中了解歌舞伎历史，或在咖啡厅中品尝绿茶和日式甜点。

寿月堂歌舞伎座

筑地与新桥

筑地位于东京最大的中心区银座的东侧，直到2018年它一直是日本最大市场的所在地，许多小商店和咖啡馆围绕其周围（被称为“场外”，即“外面的市场”）。这里出售鱼类等海鲜，并在市场内部进行批发交易。即使在筑地市场转移到丰洲之后，这些“场外”仍然保持开放，延续着这一区域的繁忙气象，人们仍能发现很多美味且价格合理的寿司店。

筑地的附近是日本最大的广告代理商电通的总部。当丹下健三在1967年设计旧电通本社时，他还在完善自己的“东京计划1960”。这是一个大型的城市总体规划，通过东京湾上巨大的漂浮城市为土地短缺问题提供解决方案。丹下把筑地设定为这一计划的中心，如今看起来显得宏伟却虚妄。他对电通大厦的设计与20世纪60年代的新陈代谢思想有很多共通之处，后者坚持认为建筑需要以灵活的方式不断进化。

当前的电通总部（2002年）由让·努维尔

(Jean Nouvel）设计，以特殊的陶瓷印刷玻璃幕墙为特色。努维尔对完工的建筑不太满意，并拒绝承认这一作品。如今，它仅由电通的一家子公司使用。

南面的新桥曾以艺伎著名，日本艺伎载歌载舞招待客人的文化可以追溯至19世纪的江户时代，新桥是这一文化的中心。它不仅仅是一个历史悠久的街区，且着眼于未来。1872年，日本第一条铁路就在这里建成。

在新桥有许多铺设榻榻米的餐厅，被称为料亭，其中最著名的餐厅之一是新喜乐（1962年），由建筑师吉田五十八（Isoya Yoshida，1894—1974年）设计。他将现代主义的极简风格与传统木制建筑相结合。在鼎盛时期，政界人士和其他公众人物常来光临。如今，新喜乐成为日本最负盛名的文学奖芥川龙之介奖的评判之地。

附近则是黑川纪章设计的中银胶囊塔（1972年），这座大厦由可重新排列的居住舱构成。黑川曾是丹下健三的学生，他是新陈代谢运动的奠基人之一。这座建筑一经完工就迅速引起了全世界的关注，而黑川一举成名，成了建筑界的年轻明星。

这座建筑充分体现了黑川的新陈代谢主义哲学。但在其完成之后，胶囊却几乎不可能替换。实际上，自完工后没有任何一个胶囊被移动过，新陈代谢运动也因此被遗忘了。然而，它试图从生物体中汲取建筑学经验，这种核心原理对当今社会仍具有重要启发。

新桥不仅仅是一个历史悠久的街区，且着眼于未来。1872年，日本第一条铁路就在这里建成。

高轮门户站

山手线上的高轮门户地铁站由我们设计，它位于品川站和田町站之间，高轮门户或许是其最后一个新增车站。这条线路围绕着皇居循环行驶，顺着坡地穿过城市的高低区域，许多车站在上坡和下坡侧有着不同的入口。根据离站口的不同，地铁站周围的社区有着完全不同的感受。

东京的丘陵区域主要由安静而富裕的居民区组成，而较低的区域则常具有平民的亲切之感，购物商场和小型城市工厂穿插其中。因此，不同入口的氛围大相径庭，如若走错，则会发现自己迷失在一个迥异于预期的社区之中。在东京，精英文化与劳动阶层文化并存，我觉得这种情况产生的根本原因是城市地形的复杂。

从前，车站所在地曾是一个巨大的铁路仓库。当它被弃用时，新建的街区将成为羽田机场和东京站之间的城市中心，车站的名称意味着它将是通往这一新社区的“门户”。而中央新干线磁悬浮列车在40分钟内即可把乘客从东京带到名古屋，并将在品川站（高轮门户的下一个车站）深入地下100米之深。这两座车站之间通过购物中心相互连接，因此对于乘坐这条超高速列车的日本西部乘客来说，高轮门户站周边的开发项目也将成为旅客旅行的门户。

我们知道，这座车站需要适合东京这座21世纪国际化大都市，并迎接世界各地人民的参观。为了给他们带来日本文化之感，我们决定在整个车站上方覆盖一个巨大的屋顶，并采用类似于折纸的几何折痕造型（第82页图）。在大多数日本车站中，站台和主厅分别设有各自独立的屋顶，但这里我们在整个结构中使用了单一屋顶，从而消除了车站与周围街区的边界，为它们建立了更加流畅的关系。相信在将来，车站和城市或将成为统一的空间，检票口也将不复存在。

正在建造的高轮门户站（上图），110米长的屋顶受到了折纸的启发（第84—85页图）。

金属和木材组成框架，支撑着大屋顶。木框架上覆有白色半透明膜材料，此构造取意于障子屏。这种滑动屏风就是在木框上粘贴和纸而构成的，也是我最喜爱的日本传统建筑元素。在我所成长的建于第二次世界大战之前的木屋里，就有很多这样的障子屏。

谷崎润一郎在《阴翳礼赞》中谈到光与影的效果，他指出光在西方建筑中起到主导作用，但在日本建筑中，穿过障子的柔和光线则至关重要。光能一直延伸到房间的后部，即使没有人造光，空间也会感觉明亮。而高轮门户站白色薄膜过滤的柔光正代表了一种被日本现代主义建筑所遗忘的光束。

La Kagu

神乐坂一带是日本出版业之家，这里有一处名为新潮社的公司。这家出版社以出版村上春树小说而闻名，比较著名的如《1Q84》(2009年)。我们受出版社之邀将旧仓库改造为一个多功能建筑，结合商店、咖啡馆和演讲空间等业态。巨大的木制楼梯被添加在建筑之外，成为设计的重点。这处仓库最初与道路隔绝，人们难以进入，但我们在两者间放置了这一巨大的、有着有机形状的楼梯。通过重新连接，建筑融为社区的一个部分。

神乐坂的地形有些复杂，其道路狭窄，陡峭的斜坡和台阶使汽车无法下行（“神乐坂”中的坂表示“斜坡”或“山丘”)。我突然想到将这些丘陵作为表达邻域建筑文化的一种方式。东京是座山丘之城，大部分城市位于多摩川与神田川之间的冲积平原上。正是通过这些山地，精英阶层社区与其下方更偏向于劳工阶层的社区相连。因此，山坡是这两个阶层共存的关键，人们在此穿行来往，神乐坂在这点上尤其引人注目。

所有用来存书的木制搁架都在仓库的二层，我们决定将这些书架原样保留以创建图书馆，同时我们还营建了一个小型演讲厅，为作家和创客举办演讲。尽管当代社会正从纸质书籍转向电脑和信息技术，但人们仍对树木和木制物品抱有强烈的共通和怀旧之情。La Kagu正是这样一个让游客真正拥抱书籍文化的空间。当他们步入房间，有人甚至说闻到了木头的清香。

La Kagu的旁边是“共享矢来町”(SHARE yaraicho，2012年)，这栋共享公寓由我的妻子建筑师筱原智子（生于1958年）设计。神乐坂是一片古老的街区，至今仍保留着艺伎生活工作过的花町之感，最近这种怀旧气氛也在年轻人中日益流行。喜欢神乐坂社区的年轻艺术家和设计师可以在这里共处。

越来越多的建筑物专为共同生活而设计，它们突然涌现于东京各处。日本人先前并非像西方人那样接受合租公寓，但这种情况在过去几十年间发生了改变。在1970年以前，这座城市中有许多moku-chin公寓，即两层高的木制公寓楼既能让居民获取低廉租金，又提供了一种共同居住的布置。从各县到达东京的年轻人常常居住于此，居民与他们的房客之间形成了紧密的关系。但随着日本变得更加富裕，这种文化开始消失。然而，在2011年的地震和海啸之后，moku-chin公寓的传统得以复兴，共享生活再次流行起来。这些提供共同生活的公寓被称为“shea hausu”(合租房屋)。

自20世纪70年代以来，在城市中拥有住宅或公寓被视为财富的象征，从而引发了中层混凝土公寓的出现，但这也破坏了东京的美丽。然而自海啸以来，人们越来越多地感觉到，较之拥有产权，共享空间更加美好而容易，而SHARE yaraicho正象征着这种趋势。这栋房子有一个屋顶花园，用来种植蔬菜与禾草，建筑物的外墙上覆盖着柔软的半透明织物表皮，与混凝土或玻璃公寓的冰冷感相比，它带给人们一种完全不同的感受。

LA KAGU

建在户外的木制楼梯（第90—91页图）

新潮文庫
Yonda?
クール宅急便
クール宅急便

FIRE HYDRANT
消火栓
内科・循環器科
さこむら内科
500m 3269-1783

AKAGI SHRINE

赤城神社

在东京全域内，唯有神乐坂依旧保留着旧日狭窄的街道。据称，在1300年左右业已建成的赤城神社便坐落在这片区域的中心，人们从神社可以北望150千米外的神居圣地赤城山。神社的名字便来源于此。然而不幸的是，如今神社周围建满了房屋，人们再也无法从地面看到赤城山了。

从历史上看，日本的神社为敬神而建造，但神灵居住在神山圣海而非神社之内。这种信仰认为，既然神灵存在于神社之外，那么神社本身便被当作门户而非中心，这与宏伟的基督教教堂大为不同。

因此大多数神社并不在山间或田野中心，而是位于山村的边界之处，可被视作山脉的边缘。而鸟居标志着神社的入口，表明另一边神灵的存在。当我们在2010年重新设计赤城神社时，我用一种相对较浅的橙色“水漆”涂装鸟居。对于小巧而亲密的神乐坂来说，我觉得传统的亮红色太过于强烈。

在20世纪上半叶，神乐坂蓬勃发展，成为花町。人们在传统榻榻米地板上举行特定类型的“聚会”，艺伎从置屋（艺伎房屋）出发，随着三味线（三弦木制乐器）的伴奏，她们被邀请演唱长歌，表演舞蹈，并和客人们一起喝酒，这曾被认为是日本最奢侈的娱乐形式。东京有些许花町，而今只剩下新桥、赤坂和神乐坂还保留花町。即使在神乐坂，这一传统也濒临消失，在我看来这是非常可怕的事情。江户时代的花町是京都和东京文化的中心，正是因为它们，传统的舞蹈和歌曲才得以流传。

在神乐坂，许多低矮的木制建筑仍然被保留着，深受艺术家和创作者的喜爱。导演兼编剧山田洋次（另见第69页）在日式旅馆和可菜（Wakana，传统的日本旅馆，设有榻榻米和公共浴池）的一个房间里写下了他的剧本。2020年，我们将和可菜重新设计为料理旅馆（专门从事餐饮的日式旅馆），同时仍保留了其日式风格。日本著名的厨师石川秀树（Hideki Ishikawa）负责餐饮服务，客人们可以在紧凑却舒适的客房里享用由他准备的饭菜，房间里甚至还搭配有桧木制成的浴缸。山田洋次写《寅次郎的故事》系列影片的那个房间也被保留了下来。

神社的入口，右边是神乐坂公园苑公寓（上图和第96—97页图）。

大和普适计算研究大厦

在日本所有的大学校园中，位于本乡的东京大学拥有最古老、最美丽的园区，这里保留了金泽大名前田氏家族住所的遗址。1827年建成的赤门是一扇巨大的漆门，用以迎娶德川将军的女儿作为前田氏家族的新娘，它在今天仍被视为东大校园的象征。

1923年的关东大地震摧毁了大部分校园，并夺走了超过十万人的生命，此时建筑学教授内田祥三（1885—1972年）担负起重建的重任，后来他在20世纪40年代担任东大校长。他的儿子内田祥哉（1925年生）是我在东京大学时的教授，也是对我影响最大的建筑师之一。正是从他那里，我了解了日本传统木制建筑的辉煌成就。

20世纪20年代，正当弗兰克·劳埃德·赖特设计帝国饭店的时候，内田祥三在整个东京大学的建筑立面上使用了爱知县常滑市工匠制作的划痕炼瓦，从而设计出与众不同的“画布”，与周围的绿色植被相协调。由于赖特的影响，炼瓦和大谷石在日本各地广泛使用。赖特对材料的选择基于他的信念，即粗糙纹理的材料能够产生大量阴影，十分适合日本的风景和气候。他的直觉被证明是正确的。

在东大校园的南部边缘，当我们着手为信息技术学部设计一个新的研究中心时，赖特和内田所钟爱的划痕炼瓦赋予了我灵感，数百条雪松木条被用来构建纹理化的立面。我们将木条随机放置并在其间留设空隙，从而创造出了四种面板。它们像鳞片一样重叠，赋予建筑柔和而有机的感觉，如同动物的皮毛一般。正是由于这里要成为计算机前沿研究的新中心，所以我们认为使用柔软、天然的材料恰如其分。在我们的创意

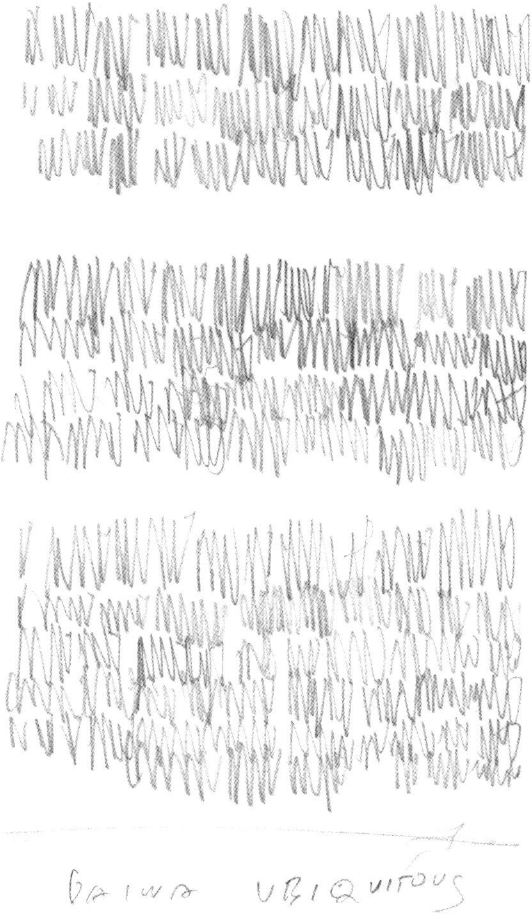
DAIWA UBIQUITOUS

立面细部，展示雪松木条（上图），“Haseko Kuma Hall”的室内（第102—103页图）

下，巨大的开口穿过建筑中心，将其与前田府邸庭园以及校园的其余部分相连接。洞口旁则是玻璃框，东京最好的一家餐厅“Kurogi”位于其中。

英国建筑师乔赛亚·康德（Josiah Conder）的雕像矗立在校园之中。康德于1877年到达日本，担任工部大学校（后来并入东京大学）教授。受19世纪工艺美术运动的影响，康德被日本文化深深吸引。然而当时的日本却将目光投向西方古典主义建筑，而非本国的传统建筑，于是康德为日本社会精英设计了一些欧式风格的宏伟建筑，其中包括纲町三井俱乐部(Mitsui Club，1913年)。康德迎娶了一位日本女人（他和一位传统舞蹈老师有一个私生子），并在河锅晓斋的指导下学习了日本画（胶彩画)。他的许多作品流传至今。

在东大校园之中散布着许多建筑精品，它们来自任教多年的建筑师们，包括丹下健三、槙文彦、香山寿夫（生于1937年)、安藤忠雄等。我们参与了工学部（11号馆）一层“Haseko Kuma Hall”(译者注：此英文出现于日文正式文件中，未翻译为汉字）及其门厅的翻新工作，并通过木箱展示大学的最新研究成果。

东京西部

日本的一些大学校园散布在东京西部，某些园中建筑由著名建筑师设计。比如沿着轴线布置的东京造型大学（1992年），建筑师矶崎新的风格明显继承自他的老师丹下健三。而多摩美术大学图书馆（2007年）则由伊东丰雄（1941年生）设计，其柱列让人联想起弗兰克·劳埃德·赖特位于威斯康星州拉辛的约翰逊制蜡公司总部（1936年）。

在武藏野美术大学图书馆（2010年）的设计中，藤本壮介（生于1971年）让书架当上了主角，他把建筑物视为小部件的集合体，这栋图书馆很好地诠释了此般愿景。而位于三鹰市的国际基督教大学图书馆（1960年）由安东尼·雷蒙德（Antonin Raymond）设计，雷蒙德作为赖特的首席助理来到东京后参与帝国饭店的设计工作。当他离开赖特后仍旧留在日本并继续设计了许多著名建筑，其中包括位于筑地的圣陆加国际医院（1928年），港区的圣奥尔本教会（St Alban's Church，1956年）以及长野县轻井泽的圣保罗教堂（1935年）。他是日本建筑界举足轻重的人物。日本现代主义运动的主要建筑师前川国男（1905—1986年）和吉村顺三（1908—1997年）都曾在他的工作室工作。

雷蒙德（Raymond）更喜欢用木材设计建筑。在战后日本一望无尽的混凝土建筑海洋中，他的作品是如此与众不同。我最早的客户之一实业家井上房一郎同时也是雷蒙德和布鲁诺·陶特的主顾之一。20世纪60年代，他委托雷蒙德在高崎设计了群马音乐中心（1961年），而井上房一郎自己的房子也是雷蒙德麻布住所的翻版（由建筑师许可下建造）。这座精致的木构建筑至今仍屹立不倒，并以高崎市美术馆的形式向公众开放。我很幸运能在这所房间里听他追忆陶特和雷蒙德的往昔故事。

在国际基督教大学校园中，我们设计了新体育中心（2008年），其巨大的木制屋顶由折板支撑，与自然环境融为一体。雷蒙德的群马音乐中心也使用了这种折板结构，这是他最喜欢的技艺之一。

在东京西部的所泽附近，角川出版公司创建了一个新的文化中心。我们受邀与鹿岛建设一道对其展开设计。这里融合了带有数码打印系统的印刷厂、图书馆、博物馆和神社，建成后将成为动漫和其他日本亚文化的新圣地。

角川武藏野博物馆处于建筑群的中心，我们构想了一个以巨石为模型的设计。博物馆旁边则是以日本动漫为主题的Ej动漫酒店以及武藏野坐令和神社。这座神社在同一设施中融合了亚文化和高雅文化，这在过去是无法想象的。

实业家井上房一郎是我的一位早期客户，他同时也是安东尼·雷蒙德和布鲁诺·陶特的主顾之一。……他的自宅正是雷蒙德麻布住所的翻版，并以高崎市美术馆的形式向公众开放。

浅草文化观光中心

在江户时代，浅草是东京最热闹的地区。直到被银座取代前，它一直是这座大都会的心脏。隅田川从它的东侧流过，河边是成排的樱花树。在春日樱花盛开时，河岸上是熙熙攘攘的人群，他们赏花、饮酒、作乐。时至今日，每逢樱花季人们仍会前来，喝酒唱歌直至深夜。

浅草寺位于浅草区域的中心地带，这是一座始建于628年的庙宇，它也是东京参观人数最多的寺庙，每年吸引三千万游客到访。在寺庙殿堂和雷门之间有一个长达300米的双层购物商街——仲见世购物街，这里出售的纪念品和甜点可以帮助游客了解江户时代的日本。

雷门的马路对面是我们设计的浅草文化观光中心（2012年）。为了向浅草寺内的五层宝塔（五重塔）致敬，这一设计采用了七层宝塔的形式。此建筑高达40米，每一层都设有屋檐，并与室内相互连接。其外墙上则固定着木制格栅，因此在任一楼层人们都能体验到温暖亲切的感觉。与其他旅游信息中心不同，我们的设计意在营造恬静安宁的氛围，使游客感到宾至如归。它的三楼有一个小剧院，顶楼则是一个带露台的咖啡馆，客人们可以坐下来喝杯啤酒，顺便眺望风儿吹皱隅田川。

日本宝塔与中国宝塔不同，日本宝塔有着深远悬垂的屋檐，从而保护建筑免受雨水侵袭，且它们通常采用木构系统（而现存的中国宝塔多由砖石制成）。经年累月，日本宝塔的设计日臻完善，其佳作包括奈良法隆寺塔、室生寺塔、药师寺东塔、京都醍醐寺塔以及山口的琉璃光寺塔，其中建于7世纪末的法隆寺塔是世界上（现存）最古老的木结构建筑。在为东

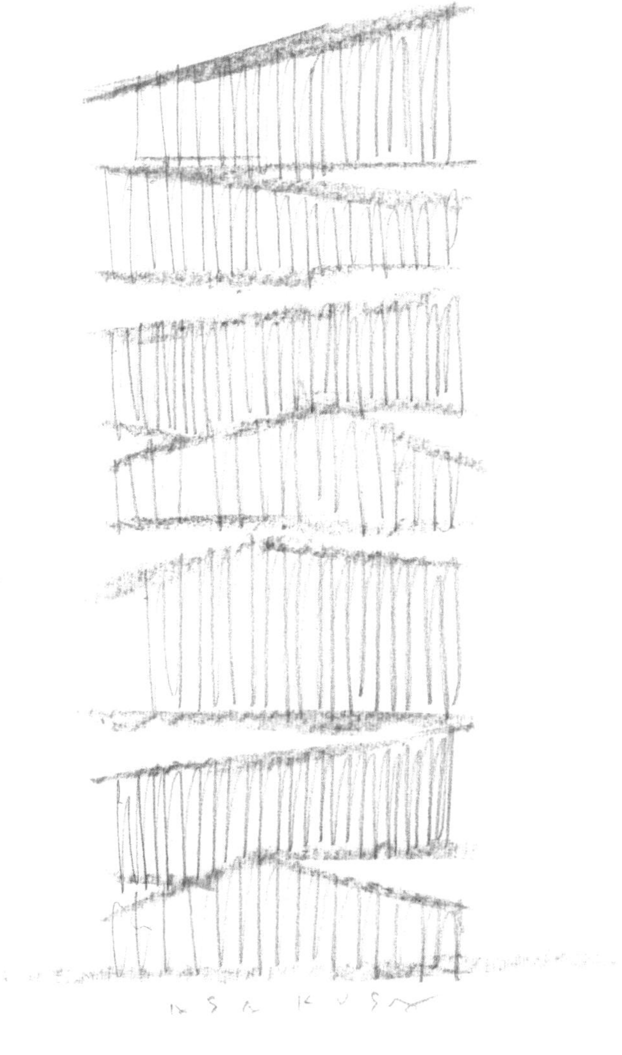

京奥运会设计新国立竞技场（第42页）时，我们也受到传统宝塔技术的启发——以堆叠屋檐的方式保护木质材料。

朝日啤酒总部（1989年）位于隅田川对岸，这是一幢奇怪的建筑：花岗岩黑匣子的顶部装有金色雕塑。它由菲利普·史塔克（Philippe Starck）设计，并于1989年日本经济仍然强劲时完工。这座雕塑并没有明确的用途，但恰恰清晰地表征了那一时代的特征。如今这座建筑被称为“金色便便”（golden poo），直指其“冠冕”形状。

新的浅草中心有七重“屋顶”，每个屋顶下都发生着不同的活动（上图）。各楼层以不同的方式连接室外，赋予每个空间独特的个性（第112—113页图）。

向岛

隅田川以东的向岛是东京六大花町之一，尽管“花街”（艺伎区）和艺伎的数量正在下降，但向岛的生意仍在持续增长。“向岛”的名字由两部分组成，分别是“朝着”和“岛屿”，指其位于河流的另一侧。隅田川是东京的象征，但它并不像伦敦泰晤士河、巴黎塞纳河等河流那样融入城市地理。隅田川的河岸线后退，河面变得极为宽阔，穿越其间具有超脱之感，如同过海一般。

在以前，像赤坂和新桥这样的内城花町都曾是公司的娱乐场所。但从20世纪90年代开始，日本的服务业发生了变化，人们的需求提升，政客和公众人物也对可能出现在媒体上的丑闻变得愈加谨慎，城市中心区的花町也开始逐渐减少。

但多亏了向岛位于河的另一侧，它仍广受喜爱并成了人们摆脱日常生活烦恼的好去处，20世纪90年代的社会变革并未对其产生影响。向岛被描述为“从天皇到榻榻米匠”，是人人都可以享受的地方。这种体验不仅仅局限在花町，而在整个浅草内都可感受。事实证明，它也很受前去购物的年轻人的欢迎，这里总有新鲜事儿发生。

当下流行着一种被称为“路地尊”的运动，人们收集雨水以防备自然灾害，这种基层防灾战略引发人们的关注。“路地”意为胡同或狭窄的街道，而后缀“尊”则代表神灵或贵族的名字，因此“路地尊”表达了一种对当地街道的尊重。而墨田北斋博物馆（2016年）也位于向岛，该博物馆由妹岛和世（生于1956年）设计，铝板构成的锐利立面从柔和谦逊的环境中脱颖而出。

沿着隅田川向南行驶，您将来到由菊竹清训（1928—2011年）和黑川纪章设计的江户东京博物馆（1993年）。菊竹以提出解决东京土地短缺的方案而闻名，其方法是填海造地，并使用底层架空柱将建筑物提升到地面之上。他在1975年冲绳世博会上设计了人工海上都市（Aquapolis），这是一个由柱体支撑的漂浮城市，这一想法还被他用于博物馆设计。如今看来，这些架空柱似乎是泡沫时代思维的延伸，是伴随时代而来的宏大幻想。随着人口的减少和废弃建筑的增加，这多少显得有些荒谬而不合时宜。

两国国技馆（1985年）则位于附近，每年1月、5月和9月在这里举行三次为期两周的相扑锦标赛，场馆的设计者是吉田五十八的学生今里隆（生于1928年），吉田五十八将传统建筑与现代主义原则相融合，创造了一种全新而鲜明的日本风格。

多亏了向岛位于隅田川的另一侧，
它仍广受喜爱并成了人们
摆脱日常生活烦恼的好去处，
20世纪90年代的社会变革
并未对其产生影响。

Tetchan餐厅

口琴巷位于中央线吉祥寺站之外，是一个让人充满好奇的地方。在第二次世界大战后的混乱和贫穷时期，它由占地商贩建造。其名字来源于一排排带有窄小入口的商店，这使得街道看起来如口琴一般。在战后不久的一段时期里，东京是一个危险的地方，到处充斥着妓院。

餐厅主人手塚一郎致力于留住口琴巷，并邀请我们在小巷入口附近设计Tetchan（一家日式烤鸡肉串餐厅）的分店。起初我对这么少的预算感到惊讶，但参观完一家装修公司的仓库之后，我决定采用通常不会在室内设计中使用的废弃材料装修这家餐厅，材料从可回收LAN电缆直到丙烯酸副产品。在设计手冢的另一家餐厅时，我使用了许多留有树皮的原木，以向奄美的半热带风情致敬。尽管这里靠近冲绳，但缺乏蓬勃发展的旅游业。它的自然环境和传统文化保持不变，能够使其成为极具吸引力的旅游目的地。

东京另一个吸引人的地方是下北泽，在Time Out评选的全球最酷街区排名中，它仅次于里斯本的Arroios位居第二。如同纽约的布鲁克林区一样，下北泽是一个年轻而充满乐趣的区域，并且物价比城市中心区更加便宜。我们还在这里为手塚设计了两家餐厅，一方面，废弃的商店招牌被重新利用；另一方面，旧铝框窗被用来营造立面，雪橇和滑雪板则被用于装点室内。当在室内设计中使用废弃物品时，即使是崭新的场所也显得存在已久。我认为这是由此类物品内在的历史感所决定的，可回收废弃物似乎是这一区域最合适的建筑材料。

下北泽之所以发展成为一个有趣的街区，是因为穿过它的两条私人铁路（小田急线和京王线）以锐角而非直角交错，从而产生诸多“静态噪声”。它们以平交路口和不规则地块的形式存在。这一区域充满“静电干扰”，因而不适合开发大型购物中心或百货商店，反而密集地聚集着小型精品店（例如二手服装店），形成了东京最迷人的购物街区。

本多剧场和驿前剧场等小型剧场的出现也帮助塑造了下北泽街区。长期以来，这里一直是剧院世界里年轻人的出没之地。但在登台之前，买到便宜东西才是最重要的，而下北泽以价格合理而闻名。东京大学的驹场校区就在附近，学生时代的我被其廉价所吸引，经常来这里喝酒。尽管下北泽站在2019年进行了翻新，铁轨被更换，新站点被建设，但在某种程度上仍保留了这一地区的“静态噪声”。因此，它的独特性并未完全消失。

我们在室内使用了可回收LAN电缆和融化的丙烯酸副产品（上图）。墙上的壁画则由汤村辉彦创作（第122—123页图）。

SOFT-SAKI IKA
BRAND

TU
VON
STAY FRESH BAG INSIDE
happy holiday
白菜
キュウリ
牛すじ串
ガツ刺
煮タマゴ
白レバ

地名名目

根津美术馆［30—35页］
东京都港区南青山6-5-1，107-0062，nezu-muse.or.jp

One @ Tokyo［18页］
东京都墨田区押上1-19-3，131-0045，onetokyo.com

One Omotesandō［20—23页］
东京都港区北青山3-5-29，107-0061

Prada［20页］
东京都港区北青山5-2-6，107-0062，prada.com

两国国技馆［116页］
东京都墨田区横网1-3-28，130-0015

圣玛丽亚大教堂［60—61页］
东京都文京区关口3-16-15，112-0014，tokyo.catholic.jp/english

SCAI The Bathhouse［69页］
东京都台东区谷中6-1-23，110-0001，scaithebathhouse.com/en

浅草寺［108页］
东京都台东区浅草2町目-3-1，111-0032，senso-ji.jp

SHARE yaraicho共享矢来町［86页］
东京都新宿区，162-0805，facebook.com/shareyaraicho

SHIBUYA SCRAMBLE SQUARE［13页，15页］
东京都涩谷区涩谷2-24-12，150-6101，shibuya-sq.tokyu-hands.co.jp

新喜乐［77页］
东京都中央区筑地4-6-7，104-0045

星巴克烘焙工坊店［17页，37页］
东京都目黑区青叶台2-19-23，153-0042，starbucksreserve.com

墨田北斋博物馆［115页］
东京都墨田区龟泽2-7-2，130-0014，hokusai-museum.jp

微热山丘［36—41页］
东京都港区南青山3-10-20，107-0062

三得利美术馆［46—51页］
东京都港区赤坂9-7-4，107-8643，suntory.com

高轮门户站［80—85页］
东京都港区高轮3-26-27，108-0074

多摩美术大学图书馆［104页］
东京都八王子鑓水2-1723，192-0394，tamabi.ac.jp

Tetchan餐厅［118—123页］
东京都武藏野市吉祥寺本町1-1-2，180-0004

东京都厅舍［59页］
东京都新宿区西新宿2-8-1，163-8001

东京国立博物馆&法隆寺宝物殿［68页］
东京台东区上野公园13-9，110-8712，tnm.jp

东京晴空塔［18页］
东京都墨田区押上1-1-2，131-0045，tokyo-skytree.jp/en

东京造型大学［104页］
东京八王子宇津贯町1556，192-0992，zokei.ac.jp/en

半岛区办公楼［65—67页］
东京都丰岛区东池袋1-39-2，170-0013

早稻田大学坪内博士纪念演剧博物馆［61—62页］
东京都新宿区西早稻田1-6-1，169-8050，waseda.jp/enpaku

上野站［69页］
东京台东区上野7丁目，110-0005，tokyometro.jp/station/ueno

上野动物园［68页］
东京都台东区上野园9-8-3，110-8711，tokyo-zoo.net/english/ueno/index.html

和敬塾学生宿舍［61页］
东京都文京区目白台1-2-1，112-8682，wakei.org/english

早稻田国际文学馆［61页］
东京都新宿区户冢町1-104，169-8050，waseda.jp/culture/en/about/facilities/wihl

代代木国家体育馆［8—11页，20页，42页，60页，63页］
东京都涩谷区神南2-1-1，150-0041，jpnsport.go.jp/yoyogi

由限研吾建筑都市设计事务所设计的建筑

赤城神社 [92—97页]
面积：4,069方平米
竣工：2010年

浅草文化观光中心 [108—113页]
面积：2,160方平米
竣工：2012年

大和普适计算研究大厦
[98—103页]
面积：2,710方平米
竣工：2014年

国际基督教大学新体育中心
[105—106页]
面积：5,966方平米
竣工：2018年

寿月堂歌舞伎座 [72—75页]
面积：127方平米
竣工：2013年

KITTE [52—55页]
设计：三菱地所设计
面积：212,000方平米
竣工：2012年

La Kagu [86—91页]
面积：962方平米
竣工：2014年

明治神宫美术馆 [24—29页]
施工：清水建设
结构工程师：金箱构造设计事务所KSE
机电工程师：森村设计
面积：3,200方平米
竣工：2019年

新东京国立竞技场 [6页，10页，42—45页，110页]
面积：194,000方平米
竣工：2019年

根津美术馆 [30—35页]
面积：4,014方平米
竣工：2009年

One @ Tokyo [18页]
面积：3,740方平米
竣工：2017年

One Omotesandō [20—23页]
面积：7,690方平米
竣工：2003年

SHIBUYA SCRAMBLE SQARE
[13页，15页]
竣工：2019年

星巴克烘培工坊店 [18页，37页]
面积：3,187方平米
竣工：2019年

微热山丘 [36—41页]
面积：297方平米
竣工：2013年

三得利美术馆 [46—51页]
面积：4,663方平米
竣工：2007年

高轮门户站 [80—85页]
施工起始：2015年

Tetchan餐厅 [118—123页]
竣工：2014年

丰岛区办公楼 [65—67页]
设计：日本设计
景观：Landscape Plus
照明：ALG建筑照明计划株式会社
标识：Terada Design
面积：94,682方平米
竣工：2015年

Water/Glass [52页]
面积：1,125方平米
竣工：1995年

由其他建筑事务所设计的建筑

朝日啤酒总部 [110页]
建筑师：菲利普·史塔克
竣工：1986年

克里斯汀·迪奥 [20页]
建筑师：SANAA
竣工：2004年

电通大厦 [76—77页]
建筑师：让·努维尔
竣工：2002年

江户东京博物馆 [116页]
建筑师：菊竹清训，黑川纪章
竣工：1993年

法隆寺宝物殿 [68页]
建筑师：谷口吉生
竣工：1999年

代官山集合住宅
[16—19页，38页]
建筑师：槙文彦
竣工：1998年

多摩美术大学图书馆 [104页]
建筑师：伊东丰雄
竣工：2007年

帝国饭店 [66页，98页，104页]
建筑师：弗兰克·劳埃德·赖特
竣工：1923年

国际儿童图书馆 [68页]
建筑师：安藤忠雄
竣工：2000年

自由学园 [66页]
建筑师：弗兰克·劳埃德·赖特
竣工：1921年

观音寺 [62页]
建筑师：石山修武
竣工：1996年

驹泽体育馆 [8页]
建筑师：芦原义信
竣工：1964年

Miu Miu [20页]
建筑师：赫尔佐格和德梅隆事务所
竣工：2015年

武藏野美术大学图书馆 [104页]
建筑师：藤本壮介
竣工：2010年

中银胶囊塔 [77页]
建筑师：黑川纪章
竣工：1972年

国立近现代建筑资料馆 [68页]
建筑师：安藤忠雄
竣工：2013年

尼奥·贝奈特 [20页]
建筑师：扎哈·哈迪德
竣工：2008年

Prada [20页]
建筑师：赫尔佐格和德梅隆事务所
竣工：2003年

两国国技馆 [116页]
建筑师：今里隆
竣工：1985年

圣玛丽亚大教堂 [60—61页]
建筑师：丹下健三
竣工：1964年

SHARE yaraicho [87页]
建筑师：筱原智子
竣工：2012年

新喜乐 [77页]
建筑师：吉田五十八
竣工：1962年

墨田北斋博物馆 [115页]
建筑师：妹岛和世
竣工：2016年

东京造型大学 [104页]
建筑师：Arata Isozaki
竣工：1992年

东京都厅舍 [59页]
建筑师：丹下健三
竣工：1990年

东京晴空塔 [18页]
建筑师：安藤忠雄
竣工：2011年

国际基督教大学图书馆 [104页]
建筑师：安东尼·雷蒙德
竣工：1960年

早稻田大学坪内博士纪念演剧博物馆 [61—62页]
建筑师：今井健二
竣工：1928年

代代木国家体育馆 [8—11页，20页，42页，60页，63页]
建筑师：丹下健三
竣工：1964年

致谢

写这本书是为了和游客分享我在东京的亲身经历。读者若能带着这本小书探索东京，并得出自己的发现，那就最好不过。书中还谈到了我设计的建筑物与其所在地点之间的关系。

我要感谢Thames & Hudson出版社的Lucas Dietrich，Fleur Jones，Elain McAlpine，Poppy David以及Ramon Pez 。我还要感谢隈研吾建筑都市设计事务所的员工，他们整理了项目所需的文字和材料。

图片版权

图书在版编目（CIP）数据

隈研吾：我在东京的建筑师生活/（日）隈研吾著；王冲译.—武汉：华中科技大学出版社，2022.1
ISBN 978-7-5680-7690-6

Ⅰ.①隈… Ⅱ.①隈… ②王… Ⅲ.①建筑艺术-介绍-日本 Ⅳ.①TU-863.13

中国版本图书馆CIP数据核字（2021）第239368号

Published by arrangement with Thames & Hudson Ltd, London

隈研吾：
我在东京的建筑师生活
Wei Yan Wu: Wo zai Dongjing de Jianzhushi Shenghuo

［日］隈研吾 著
王冲 译

出版发行：华中科技大学出版社（中国 · 武汉）
电话：（027）81321913
华中科技大学出版社有限责任公司
艺术分公司
电话：（010）67326910-6023
出 版 人：阮海洪

责任编辑：莽　昱　张丹妮
责任监印：赵　月　郑红红　　封面设计：邱　宏

制　　作：北京博逸文化传播有限公司
印　　刷：北京华联印刷有限公司
开　　本：787mm × 1092mm　1/32
印　　张：4
字　　数：26千字
版　　次：2022年1月第1版第1次印刷
定　　价：79.80元

华中出版